五邑名小吃

WUYI
MING XIAOCHI

《五邑名小吃》主创团队　著

U0316455

SPM
南方传媒　花城出版社

中国·广州

图书在版编目（CIP）数据

五邑名小吃 / 《五邑名小吃》主创团队著. -- 广州 ：
花城出版社，2024. 10. -- ISBN 978-7-5749-0301-2

Ⅰ. TS972.142.653

中国国家版本馆CIP数据核字第2024C6U792号

出 版 人：张　懿
责任编辑：陈诗泳
责任校对：汤　迪
技术编辑：林佳莹
封面设计：赵珊珊　具伊宁
内文设计：邓国一
手绘插画：赵珊珊

书　　名	五邑名小吃
	WUYI MING XIAOCHI
出版发行	花城出版社
	（广州市环市东路水荫路 11 号）
经　　销	全国新华书店
印　　刷	广州市岭美文化科技有限公司
	（广州市荔湾区花地大道南海南工商贸易区 A 幢）
开　　本	880 毫米 ×1230 毫米　32 开
印　　张	2.875　1 插页
字　　数	75,000 字
版　　次	2024 年 10 月第 1 版　2024 年 10 月第 1 次印刷
定　　价	30.00 元

如发现印装质量问题，请直接与印刷厂联系调换。
购书热线：020-37604658　37602954
花城出版社网站：http://www.fcph.com.cn

《五邑名小吃》主创团队

荣誉出品
江门市文化广电旅游体育局

执行统筹
江门市烹饪协会
江门日报社

撰稿
梁少华

摄影
图片由江门市文化广电旅游体育局
江门市烹饪协会提供

装帧设计
邓国一

插画
赵珊珊

封面
赵珊珊

前言

　　到底什么是小吃？与"小吃"相近的概念，早在东晋有"点心"（取其"点点心意"之意），宋代有"甜食"，元代有"从食"，清代更是列出了饵、果、粥、粉等多个种类，但都不足以精准地、权威地定义小吃的内涵。1980年版的《辞海》，竟然没有收录"小吃"一词。《现代汉语词典》的解释为"饮食业中出售的年糕、粽子、元宵、油茶等食品的统称"，似乎也并不周延。

　　尽管定义未明，但众所周知，小吃与早餐、午餐、晚餐、消夜都是有区别的。早、午、晚、夜四餐都有约定俗成的食用时段，并且都以饱腹为目的。早、午、晚、夜四餐，因为食用时间相对固定，故而衍生出相对固定的用餐和烹制方式。无论东西南北，早餐放到晚上进食，就会变成消夜，早餐、消夜的品种也鲜有作为午餐、晚餐时正式宴客筵席的主菜。早、午、晚、夜四餐又因为以饱腹为目的，故而讲究荤素分量和搭配。同时，小吃也不在面点、菜肴、零食、杂粮这四类之中，又不能与之并列，因为几乎所有面点、零食都可以算是小吃，又有部分菜肴、杂粮可以算入其中，例如菜肴中的碗仔翅、牛肉丸，杂粮中的粥类、豆沙类。

与早、午、晚、夜四餐相比，或与面点、菜肴、零食、杂粮相比，小吃就像"跳出三界外，不在五行中"一样，率性得多。"小"，是分量小，不为果腹而吃，纯为满足一时之欲而生；"吃"，指所有能吃的，不论酸甜苦辣咸、形态性状、制作方法、食材和食用时段，都可以位列其中。凭此也可以尝试推理出"小吃"的定义：所有不指定进食时段、不限食材和制作方式，且不以吃饱而以满足口欲为目的的小分量食物的统称。

因为这份率性，注定了小吃的变化多端。筵席硬菜，早、午、晚、夜小量化都可以变小吃，小吃正式化也有可能变成正餐、上大筵席。作为制作技能分类，小吃不限于面点类，也不仅属于菜肴类，是一种可以"以点入肴"或"以肴入点"的独特存在。

这份率性，并不掩"小吃"的包罗万象。任何食材，都有被制作成小吃的可能；面点和菜肴的制作方法，都可以应用到小吃的制作上；任何时间都可以进食小吃，只要你喜欢。天下之大，小吃之多，元代《居家必用事类全集》所列46种"从食"、清人《养小录》所列64种小吃，均未能囊括天下小吃的万分之一。

独独这份率性，最体现小吃的自我情怀。对于制作者，不求闻达天下，只求安于乡间，结缘寻香识味者；对于品尝者，想吃就吃，不为饥饱所虑，只求片刻畅快，只要喜欢，哪怕深藏小巷也要登门品尝；对于一方水土，一处乡村一处味，风味这边独好，出了此村再难见。

能有这份率性，恰恰是小吃的生逢其时。从古至今，能有心情研究小吃的时代，都是国泰民安、衣食丰足的年代。吃小吃，是超脱于温饱而追求品位、审美的境界，从物质需求上升到精神需求的过程。

　　一种小吃，便是一种心情、一个故事。每个城市，都有自己充满美好心情和动人故事的小吃。五邑小吃也不例外。

　　虽远不及沙县小吃闻名天下，但五邑小吃同样秉持"变化多端、包罗万象、自我情怀"的特点。礼乐蚬粥、鹤山白水角在早、午、晚、夜四界随时换装；海晏萝卜牛杂、泥虫粥可奇可点；海侨斑斓卷小隐于乡，外海花生饼中隐于市。

　　期待此书能勾起读者对五邑小吃的垂涎，更期待此书能带着五邑小吃走出江门、走出广东，像沙县小吃那样走向全国、全世界！

《五邑名小吃》主创团队

CONTENTS · 目录

1.

蓬江区、江海区

2.

新会区

3.

台山市

4.

开平市

5.

鹤山市

6.

恩平市

蓬江又

潮连酿蟷

Cooking delicious food about fish.

Fish

荷塘鱼饼

PENGJIANG GOURMET

Peanut

外海花生饼

Make delicious food seriously.

压面

外海银丝面

江海区

JIANGHAI GOURMET

外海花生饼

外海花生饼是江门市级非遗项目特色小吃，通过传统制作方法，用精制花生作为材料，配以白砂糖制作而成，是健康的绿色食物。外海花生饼至今已有70多年历史，从以前的摆地摊，到1993年后在店铺售卖。外海花生饼是庆祝团圆喜庆时刻的上佳食品，也是外海人的茶艺小吃。其成品入口松化、花生香味浓郁、甜味适中。

炒米饼

炒米饼是蓬江、新会的传统小吃，主要成分是大米、糖，配料因各地风俗而有所不同。炒米饼松脆、甘甜、可口，一般都在秋、冬季里制作，过年时品尝。密封后放于阴凉处储藏，可长久储存。

外海竹升面

在江门，一讲到面食，人们就会想到外海面。外海面有百年以上的历史，又称"外海竹升面"。以前，人们制作外海面时须用"竹升"弹压面团以增加面的筋度，使面条富有弹性。外海面以其制作精细和风味独特而闻名，成为江门独具特色的传统食品，在珠三角地区也有一定的品牌知名度。2007年，外海面制作工艺成为第一批江门市级非物质文化遗产。

外海面的做法包括两种，一种是全蛋面，以鸭蛋为原料和面，不加一滴水，其面条爽滑、韧性好，蛋味香浓；另一种是半蛋面，用鸭蛋与一定比例的水调配和面，面条爽滑可口，口感细腻。

潮连酿鲹

潮连酿鲹制作技艺是蓬江区非物质文化遗产代表性项目。潮连酿鲹深受潮连人喜爱，是具有潮连风味的著名特色美食，以自产鲮鱼肉为主要材料制作而成。

一开始的"酿鲹"是用潮连盛产的西江蚬蚬肉与鲮鱼肉混合；后来，外出务工的潮连人带回了咸淡水交界的鲹。他们便尝试用鲹肉代替蚬，再放入鲹壳里面一起煎，成为如今的酿鲹。

煎好后的鲹壳和鱼肉色泽金黄，嫩滑可口，肉缝中还夹带着一股暖融融的焦香味，成为潮连本土特色美食。

荷塘香煎鱼饼

荷塘香煎鱼饼肉质鲜嫩、鲜而不腥、低脂肪、营养丰富，具有健脾、开胃、补气、缓解便秘的功效，老少咸宜，历来被视为传统名菜，是区级非遗项目，深受大众喜爱。

相传早在清代同治年间，已有人制作荷塘鱼饼——将鲮鱼起肉剁烂做成鱼青，或蒸，或打边炉，味道鲜美。后来，荷塘当地群众在此基础上加以改进制作技艺，将鲮鱼青压成薄饼形，用慢火煎至金黄，使之有香、滑、嫩、鲜、爽口不粘牙的特色，成为佐酒下饭妙品，后来一直于民间世代相传。

荷塘香煎鱼饼从选料到加工都非常讲究，为了保证鱼饼的新鲜，要选取本地鲮鱼，清水养一段时间后，才可进行加工。去鳞、内脏和骨头后，将肉片剁成泥，加盐、糖、生粉，以清水搅成糊状，再煎至金黄色，才可食用。

棠下寒提

　　春节快到来时，家家户户都忙着准备许多好意头的美食。在棠下，有一种寓意"团团圆圆"的美食——棠下寒提。棠下沙富村的叫法是"寒提"，其他村也有不一样的叫法，但寓意一样。

　　在棠下，制作"寒提"迎接春节是一件大事，所以很多时候都会看到邻居之间相互帮助制作的景象。然而随着科技进步，机械化取代全手工，这般景象已然很难见到了。

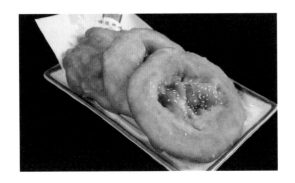

咸煎饼

咸煎饼是广东传统小吃，在江门尤为盛行，口感松软不粘口，保质期长，便于携带。

说到品尝咸煎饼，许多老广州便会联想到德昌咸煎饼。它不仅美味，还有一段"古"。德昌咸煎饼的创制人谭藻师傅，早在20世纪30年代就在龙津路的德昌茶楼做点心制作。他很想创出一款美点，可是苦思无良策。后来在饮茶中，碰到卖南乳肉的盲公德，谈及用南乳炒花生肉之事，使谭藻大受启发。德昌咸煎饼的制作之所以与众不同，是因为原料加入了南乳，以增加香味。但使用的南乳，要较为陈旧才够香味。过去，谭师傅将买回来的南乳放在天台半阴半晒的地方，太阳出来时，南乳受热；太阳过后，热能渐散。经过一热一冷过程的处理，南乳的香味更好。此外，他用糖的配方不同。一般的咸煎饼，以面粉搭配白糖，而谭师傅是使用白糖、红糖各半，分量又比一般的增大一倍，其作用在于：白糖使其脆皮，红糖达到饼心变软的作用；再加上用中火油炸，糖量多，咬油大，故成品皮脆饼心软，特别松香。咸煎饼也可作为主食，卷着大葱吃味道更好！

牛脷酥

牛脷酥是五邑本地的一种著名小吃，其形状极像牛舌头。广东人非常讲求意头，而"舌"与"蚀"在粤语中同音，对于做生意的人来说最是忌讳。所以粤语将"舌"称之为"脷"，取其大吉大利的含义。

牛脷酥以面粉及砂糖混合后油炸而成，制作要点在于糖心的酥化。由于对制作技艺要求极其苛刻，现在酒楼基本难觅踪迹，只有在一些街头巷尾的小店才可以偶遇。

新会区

Knead flour into dough

XINHUI GOURMET

大浮糍仔

三江牛耳壳

Flour

大泽糍仔

　　大泽糍仔是大泽镇远近闻名的一种特色美食,从宋元年间创始,至今已有700多年历史。大泽糍仔制作技艺为江门市市级非物质文化遗产代表性项目。

　　据传,大泽糍仔始出宋元年间大泽当地一大户人家的厨娘之手。后来,外传于世,渐成地方特色小吃。

　　炸熟的大泽糍仔,表皮呈金黄色,又香又脆;二皮又韧又糯,包裹着苞谷花为主的馅料,芬芳甜蜜。送入口中品尝,口中顿时充满了糯香、麦香、花香,让人齿颊留香。

三江牛耳壳

牛耳壳，又称牛耳仔。据传牛耳仔最早出现在战国时期。由于当时各地战火纷纷，人人自危，于是一些小诸侯就互相结成同盟，共同抵御外来的敌人。在诸侯会盟时，主盟者就会割牛耳取血置于杯中，由主盟者执杯分给各诸侯，立饮为誓，以示信守，这种盟誓方式的盟主就叫"执牛耳"。在会盟后，割下的牛耳会被切成碎，再做成饼，分发给各诸侯带回自己的领地，这种饼就叫"牛耳饼"。后来人们觉得牛耳饼不好听，就改成了牛耳仔。这就是牛耳仔的始祖，也是世界上最早的牛耳仔。在12至13世纪，牛耳仔首先传入阿拉伯国家，再传到希腊等欧洲国家乃至世界各地。新会人习惯叫"牛耳壳"。

新会的牛耳壳与其他地方或企业的牛耳壳最明显的不同在于它更加薄，脆而不硬。其中，以三江的牛耳壳最为出名。好吃的牛耳壳咬下去口感香香脆脆的，滋味无穷。牛耳壳使用奶油和南乳调味，咸中带甜，薄薄的酥脆味让人回味无穷，一片接一片吃不停手，是老少咸宜的茶余饭后小点心。

司前温蛋

据记载，秦始皇视察民情的时候，路经司前镇人的落脚点。当时秦始皇被温蛋的香味吸引住了，于是就命人拿一些来试。他吃完一个之后，赞不绝口，便问这道菜叫什么。司前镇人就用司前音译出普通话"温（混）蛋"。秦始皇听完之后龙颜大怒，杀了一些良民，并下令以后不准再见到这种食物。幸运避过这次杀害的司前镇人就四处定居，不敢再用温蛋来当午餐了，更不外传。为了纪念无辜死去的人，每逢过节，他们就会煮一些温蛋来祭拜，相传至今。

"只要有喜事，司前人就会吃温蛋。"为何在喜宴时才设"温蛋"？皆因"温蛋"是整个蛋，温了后变成深红的紫色，即红得发紫，是好意头。蛋，一般是用鸡蛋、鸭蛋或者鹌鹑蛋，都是圆形或椭圆形的；圆，代表完整而无缺，含有完美、完整、完好等意，与喜有近乎的意义，喜事用它有着锦上添花之妙。

其实司前温蛋的味道是可辨识的：它入味很深，连蛋黄都有咸味，但蛋白部分没有硬化，依然松软，有弹性。

司前温蛋不但风味有别于其他蛋食，而且还具有一定的食疗保健作用。皆因制作时加上八角、山奈等药材后，会带来散寒、理气、开胃等作用；而黑豆含有蛋白质、维生素、矿物质、花青素，有活血、利水、祛风、解毒、抗氧化、养颜美容等功效。

司前糖不甩

新会司前糖不甩，又称"油涂凸""油艇突"，它有别于类似汤圆的广府糖不甩，是一种用糯米粉和麦芽糖（现多以白砂糖取代）做成的食物，类似油炸汤圆，但没有馅料。这种形式的糖不甩起源于新会司前，外皮的粉比较薄，有韧性，尝起来比油炸汤圆更松软；表层的焦糖已经加水稀释，甜度适中，质感酥滑，味道香甜，醒胃而不腻，老少咸宜，趁热吃味道最佳。司前糖不甩为何又称"油涂凸"或"油艇突"？因为司前方言"糖不甩"的发音跟这两个词相近，意思是指它的形状像盖着油埕的塞子。

新鲜出炉的糖不甩，透着热气，表层的糖浆还是软软的，一口咬下去，黏、韧的质感中，透出清新的甜味，虽是油炸，但甜而不腻。甜味过后，淡淡的糯米香味缠绕于齿间舌尖，让人回味无穷。

新会霉姜

亚佗霉姜是新会名牌传统产品，创制于1800年，有着200多年的悠久历史。

据说清光绪年间，会城田心巷有个名叫李作的驼背老汉，以自制自销各种凉果为生。一次，因凉果滞销，李作买回来的生姜变成积压品，只好用瓦缸装起来。他的孩子不慎将柠檬醋泻入储满生姜的缸里。过了一段时间，李作发觉姜已全部发霉（发酵），但又舍不得把它倒掉，于是他就拌上甘草末和糖浆，放在锅里炊透，再行晒干，当凉果出售，名为"霉姜"。岂料这种"新产品"很受顾客欢迎，男女老少，争相购买，一时"亚佗霉姜"之名很快就传遍全会城。后因产品畅销，新会各酱园都纷纷仿制，其中以大有酱园所产的为最佳。从此，亚佗霉姜风行各地。

亚佗霉姜一般选用本地特产柠檬、陈皮、大肉姜做原料，再配上蔗糖、上等药材及多种天然香料，通过传统工艺精制而成。亚佗霉姜入口辣中带甜，甜中带酸，香辣适宜，食之无渣，饶有风味。暑天能凉喉生津，寒天能祛风散寒，并有健胃助消化功能。乘车船的旅客，吃它有防止晕船晕车之效。

新会柑饼

　　每年春节过后，葵乡人会把春节剩余的年桔、柑等，用手工制作成风味独特的柑饼，储存待吃，晒干后的柑饼还有治疗咽喉炎的作用。

　　100多年前，新会已经普遍种植柑橘。有一年，东甲、梅江等地的柑橘大丰收，许多柑橘卖不出去，眼看就要烂掉了，一位果农灵机一动，将剩余的柑橘用甘草、盐等腌制后晒干，制作成柑饼，拿到市面出售。由于柑饼芳香、可口，一下子就全部卖光，那果农狠赚了一笔。其他果农亦纷纷仿效，制作柑饼出售，从此春节后制作柑饼的传统就世代流传下来。新会大有凉果厂的前身就有改良民间的手工制作柑饼工艺，然后制作出闻名遐迩的"大有"蜜饯糖果（柑饼）。

　　如今，只有"老新会"在空闲时还会自己制作柑饼，虽然产量少，但是手工制作出来的传统柑饼别有风味。

　　柑饼的制作秘诀是：首先将柑橘用刀切开5瓣，然后压扁，挤出果汁保留，然后往果汁中加入糖、甘草粉、姜、盐等进行调配，把加入调味料的果汁煮约20分钟，再把柑橘肉放进果汁中，让其吸收调配好的果汁，然后晾晒。如此经过三煮三晒，制作出香味四溢的柑饼。

大鳌鱼皮

时至今日，凉拌鱼皮的爽滑滋味还能随时品尝。江门本地出名的凉拌鱼皮是在大鳌镇，实际上市内很多地方也有提供这道凉菜。

大鳌鱼皮都是用淡水鱼的鱼皮制作。一般会选鲩鱼、黑鱼、鲮鱼等，不同的鱼皮口感是有区别的，有的韧劲会大一点，有的又偏软糯。凉拌鱼皮的做法是先把鱼鳞去干净，再用刀片分出鱼皮。用开水焯熟鱼皮，一熟就要捞起并立马放进冰水里，然后再放入含食用碱的水里浸泡15分钟即可，这时候的鱼皮会自然收缩卷起。鱼皮配上切好的葱丝、姜丝、芝麻粒、辣椒丝，再加上花生、酱油、麻油、辣椒油，稍微地搅拌一下，红的、绿的、白的、黄的、黑的，色彩缤纷诱人。

大鳌鱼皮色彩丰富，鱼皮入口爽脆，口感清爽中夹杂着花生香脆的口感，还带着辣椒油的麻辣感，让各种味道变得层次分明。再加入切碎的沙姜，去腥又提鲜，香气四溢。

司前其面

　　"司前其面"让人津津乐道，不仅因为它是一种乡土小吃，更因为它独特的手工制作技艺。一位司前游子曾深情回忆："其面的制作工艺我不懂，只是知道要反复擀压，然后切成条块，天然晒干，长期保存食用。现在用机器压制的其面，断没有手工其面的口感和味道……"

　　司前其面由精面加工而成，片薄韧，熟面韧滑，手工制作的尤其可口。食法也极其简单。好咸食者，煮好上汤加面再煮沸即可；喜甜食者，则待糖水一沸，加面再煮开。"简单方便，悉随食客尊便。"司前其面是司前人饭桌上常见的面食，"食之不厌"。人工制作的司前其面擀面力度要适中，在长时间反复擀压的过程中，面粉同时发酵，擀出来的面质感更好，"嫩、滑、口感自然与众不同"。"司前其面"的与众不同之处还在其薄。薄到什么程度？若纸、若纱、若蝉翼。

陈皮花生

陈皮的起源可以追溯到宋代。宋代时期，已有关于柑橘的专著——《橘录》。明朝时期，新会的陈皮就享有盛名。新会陈皮历史悠久，时至今日依旧值得信赖。

一份美味又健康的陈皮花生，毋庸置疑，必须用广东新会陈皮制作。明代李时珍《本草纲目》对新会陈皮记述："柑皮纹粗，黄而厚，内多白膜，其味辛甘……今天下以广中（今新会）采者为胜。"新会陈皮采摘后是从果子的顶部三瓣开皮，只留下新鲜、完整的果皮晾晒，经历三年或者更加久远的时间存放，完成基本陈化后，才称得上真正的新会陈皮。古人云："一两陈皮一两金，百年陈皮赛黄金。"晒干久储的陈皮，在岁月积淀下，一方面逐渐褪去辛辣，生出陈香；另一方面药用价值增强，养胃滋补效果更佳。

俗话说，好锅配好盖，而好的陈皮，要配上好的花生。陈皮花生的制作需要非常严谨的工艺，单是花生，就得由人工亲手一颗颗挑选适合的果实，除去坏果，之后经过几轮的清洗。把优质的新会陈皮和甘草、八角等配料用水煮开，慢慢熬制出香味，再加入衡口花生，进行蒸煮、浸泡、烘干等一系列工序，整个过程要耗费足足几个小时，待陈皮的清香渗透进花生中，最后才将它们一起捞出，用适当的火候进行炒制出品。结合甘草、八角等各种香料精心煮制，陈皮的香味在融入花生的同时，大大降低了陈皮的"药材感"，恰到好处地呈现出陈皮的清香，同时也保留了零食花生应有的"香口"感。

陈皮花生的吃法也很讲究。如果因为新会陈皮出名，拆开包装的时候，立马尝试陈皮，就会错过花生的美味，所以一般是"先吃花生，再吃陈皮"，或者花生、陈皮一起吃。在每一颗花生、每一口陈皮的食用过程中，都能感受到它们从无到有的制作经历以及时光留下的魅力。

陈皮梅

新会陈皮，是中国国家地理标志产品，广东"三宝"之首。它由新会本地所产的大红柑的干果皮加工精制而成，具有很高的药用价值，再加上又是传统的香料和调味佳品，所以自古以来就有很高的美誉。在新会民间有很多陈皮调味和食用的方法，陈皮梅就是其中之一。

"大有"的陈皮梅，是新会传统产品之一，创制于1930年。它的加工工艺十分精湛，原料选用本地青梅坯配加柠檬及多种天然香料，用流动水或静水的方法将梅坯脱盐后烤制到半干到干燥状态，再将梅坯放入特制的糖液中进行浸渍。经过透糖浸渍后的梅坯已具有酸甜风味，将其以人工的方式与半干状态的陈皮酱混合，要求每粒梅坯都包裹着陈皮酱。陈皮梅的包装也十分讲究，传统的包法一般经过三重包装，从里到外分别是一层透明薄膜、一层白纸，最后再包上一层面纸。成品色泽黑亮，有陈皮芳香，为半干半湿制品，含水量28%～30%，具甜、咸、酸、香风味，有生津止渴和增添食欲之效用。

陈皮梅的吃法很多，生吃口感酸甜味浓，肉质细腻，而且根据原料种类不同会具有不同风味，酸甜适中，开胃生津，让你领略陈皮梅的原生味道；泡水喝时，水中充满陈皮的香味，喝起来酸甜可口；若与其他茶叶一起泡水，茶叶的清香与陈皮的酸甜相互融合，让人不禁口舌生津。

发财应子

发财应子，是新会传统的凉果产品。已有200多年的历史，其制作技艺一直传承和发展，是岭南传统食品生产的经典代表之一，其制作技艺在2013年被列入江门市级非物质文化遗产名录。大有凉果不仅是中华老字号，也是清代以来众多凉果生产商中唯一能够传承至今的品牌商号。大有凉果实际上是新会凉果，是新会人民的智慧结晶。

发财应子精选新鲜、果大、肉厚、七八成熟、肉汁丰富、酸甜可口的李子果，采用真空浓缩熬煮，常压调制，多次渗糖，多道调味串香而成。产品饱含香甜浓汁，香味浓郁，色泽发亮，肉质细致，软硬适度，酸甜可口。

发财应子味道纯粹，除了基础的盐、糖等调味料，没有任何添加剂，成熟后的风味是阳光、温度、时间赋予的。它不仅是零食，更是地道的新会饮食文化瑰宝。

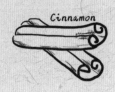
Cinnamon

Anice

Clove

海宴牛杂

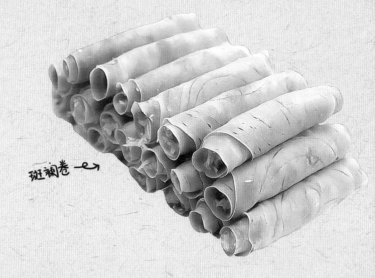

斑斓卷 ➷

Pandan　Coconut

笋底糍 ↝

海宴牛杂

在台山，专门吃牛肉的饭店不多，但牛杂店却是多如牛毛。其中，海宴牛杂最为知名。

海宴镇街头的牛杂档出品的牛膀、牛肠、牛横脷和牛肺最受欢迎。

海宴牛杂的材料与别处无区别，只是做法不一。煮牛杂的配料很重要，以"十三香"为主要的卤水香料，做出来的牛杂爽口醇香。不少台山华侨更是对其念念不忘，难得回国一趟，总要吃上一回。

台山大包

台山大包，台山人一般称之为水包，它还有一个很别致的名字——凤凰大包。

台山大包与众不同的地方是个头相当于成年人的手掌般大，连馅料计重达3两（其中包皮重2两，馅料重8钱～1两），通常大包有猪肉馅、鸡块、腊肠、鸭蛋冬菇馅。新鲜出炉的台山大包洁白、松软、弹牙、馅料新鲜丰富、味道适中，果腹满足而令人回味。

台山大包最早于民国初期由台城道全茶室谭基师傅首创（见《新宁杂志》2012年第一期《台城茶楼忆旧》，作者蔡锋），食客认为"比诸广州涎香、惠如茶楼有过之而无不及者"。

抗日战争期间，一位在广州某酒家工作的点心师为躲避战火，回到家乡台山，在道全茶室从事点心制作。不久，日寇魔爪又伸向台山，不时派飞机轰炸，到茶室品茶的顾客不得不中断喝茶四处逃避。这位点心师便想到将包做得大一些，馅料多放一些，免得顾客吃不饱（俗称吃饱走日本）。于是，他便将个头较小的滑肉包改良，做成面坯更大，馅种更多、更丰富的大包（后来，根据馅料的增减，由肉馅加腊肠、鸭蛋、冬菇组成的为三星大包，再加一块鸡肉为四星大包，再加一只虾仁为五星大包），从而满足顾客的要求。当时最为经典的是，每天中午大包出炉时，道全茶室便在室外点燃两响冲天炮。"轰！轰！"两声炮声炸响后，全城群众都知道：道全大包出炉啦！

柴火豆沙月饼

在台山市深井镇有一家酒楼始终坚持手工制作传统的柴火豆沙月饼，旨在传承最传统、最地道的中秋味道。馅料制作、分皮、手工包馅、木格打饼、抹蛋液、烘焙……一个传统的柴火豆沙月饼制作完成至少需要经过20道工序。

笋底糍

　　笋底糍，是台山人结合地方饮食改良后的"华夫饼"。由于刚烤制好的笋底糍，整齐划一的格子状和竹皮编制的笋筐底部相似，所以有了"笋底糍"一说。把烤制器具烧热后，上下全面刷油，放入拌好的面酱，合上器具进行翻转和查看，几分钟后就可以出炉了。刚做好的笋底糍外脆内软，表皮颜色金黄金黄的，再根据个人口味添加配料，可咸可甜，绝对是台山人喜爱的街头小吃之一。

芋头糍

　　台山濒临南海，陆上既有平原又有丘陵，河流纵横交错，优质农产品丰富，丘陵山区盛产香芋、米芋等芋类品种。台山产的芋头个头大、香味独特、非常粉糯。当地人通常把芋头当瓜菜类副食。传说很久以前四九镇一位黄姓妇女把芋头、猪肉切粒炒香后调味加入稀米浆，用盆子装着加热蒸熟成芋头糍。人们品尝后对这款芋头糍非常认可，附近妇女都来求教。这款点心逐渐在民间流传，随着时代的发展，台山芋头糍的食用场景越来越丰富多彩，成为当地人走亲戚的手信。1982年，台山、新会、开平三县供销社系统在广海宾馆举办烹饪技术交流，广海宾馆点心师梁新福制作的"台山芋头糍"获一等奖。芋头糍这一民间美食被逐渐推广到酒楼、宾馆。

加映软饼

台山市是农业大市，盛产稻米（包括籼米、糯米），有"全省第一田"之美誉。台山产的大米是广东省特产和全国农产品地理标志。台山糯米以软糯适中为名，是制作台山美食软饼的常用原料。

台山软饼按口味划分为咸软饼和甜软饼两大类。咸味软饼以叉烧馅为代表；甜味软饼有豆沙软饼、莲蓉软饼、加映软饼等，以加映软饼为代表。

每年清明节前后，软饼是台山人祭祖不可或缺的祭品之一。台城丰悦酒店黄畅能师傅制作的加映软饼最受顾客喜爱，风行近30年。黄师傅家传三代制作软饼，得益于家传秘方，其制作的加映软饼软度适中，加映味芳香，底面色靓，造型美观，摆放3天不变形而广受顾客欢迎。

台山咸肉粽

端午节是中国的传统节日，粽子是端午节的主角。每逢端午节前一个星期左右，台山人就忙着准备做粽子的物料和食材，如粽叶、水草、苏木、红榄、糯米、咸鸭蛋、五花肉、花生、腊肠、虾米、枧水等。传统的台山粽有咸肉粽和枧水粽两种。其中扭角捆扎的是咸肉粽，用五花肉、咸鸭蛋、腊肠、虾米、花生配红榄为馅料；四角平折捆扎的是枧水粽。与咸肉粽相比，枧水粽用料较为简单，仅需食用枧水、糯米和苏木做成粽芯，也有人用豆沙作为粽芯。

伴随着台山人的足迹，台山粽这一地方小吃遍布有台山人的地方，美国纽约、旧金山，英国伦敦等国外大都市都有华侨开店铺专营台山粽。改革开放后，随着经济发展和贸易往来，台山粽在广州、深圳等地有数十家档口。

台山咸汤圆

　　台山大多数地方，一直以来都保留着冬至、年三十吃汤圆的习俗，象征一家人团团圆圆。而台山西南沿海一带，普遍以咸汤圆为主。咸汤圆以糯米粉为主料，无馅，靠辅料和汤底调出好味道。以前，一般用猪瘦肉、猪肝、虾米为辅料，现在人们喜欢加入鸡肉或泥虫、鲜蚝、水蟹等海鲜，鲜美度大大提升。据说，最早用海鲜制作咸汤圆的是汶村的圆仔炳。改革开放初期，汶村村民陈仕炳为了家计，在家里做好咸汤圆，用谷箩挑到圩地圩摆摊。他在辅料里加入了生长在当地海边泥滩的泥虫。这泥虫脆爽鲜美，做出的汤圆大受欢迎。他声名大噪，于是得了个外号叫"圆仔炳"。后来人们相继仿效，加入五花八门的海鲜。随着旅游业兴起，旅游部门大力宣传推广传统美食，圆仔炳生意越做越旺，现在已发展到多家连锁餐饮，对传承咸汤圆发挥了很大作用。

台山糖糊

　　台山赤溪擂糖糊是一项有着悠久历史的民间技艺，已入选台山市第二批市级非物质文化遗产名录、江门市级非物质文化遗产。赤溪的客家糖糊，源远流长，代代相传，是客家人美食文化的代表。

　　糖糊是一款经典甜品，有止咳、补气、健脾、养胃、补肾之功效，它由黏米粉、黄糖、生油、花生仁、黑白芝麻仁等材料制成。

白麻糍（雪麻糍）

雪麻，即上等白麻叶，特指生长在台山市北陡镇紫罗山郊野石岭上的一种植物。雪麻由于生长环境濒临南海，吹着海风，吸收大自然的阳光雨露，是一种含富硒的植物。其叶子含有较高的纤维并且有特殊的香味，同时具有助消化、祛尘、治小儿虚汗和清热解毒等功效。

当地人一直都有制作食用白麻糍的习惯。传说以前当地有个小孩体弱多病，非常孱弱，经一过路老者指点，采摘白麻叶和水饮用后病即消除。故当地群众每逢暮春初夏之时，采摘经过春雨滋润、长得翠绿肥厚的雪麻制作成一款具有地方风味且老少咸宜的小食——白麻糍。

斑斓卷（越南春卷）

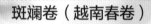

　　海宴华侨农场的创建和发展历史，犹如一部归国华侨报效祖国、艰苦奋斗、创建家园的壮丽史诗。自1963年创建以来，面积17.46平方千米的海宴华侨农场安置了印度尼西亚、越南、泰国、马来西亚、印度、菲律宾、新加坡、缅甸、柬埔寨、老挝、文莱等13个东南亚国家和地区的6000多名归侨，被誉为"小小联合国"。

　　台山斑斓叶就是东南亚国家归侨带回台山种植的。斑斓卷（原是越南的一种点心，又称越南春卷）的制作方法经归侨们不断改进，结合台山的地方风味，在馅料构成、甜度、色泽、造型等方面进行创新，现在已成为当地的特色美点。

台山冬蓉

台山是广东的农业大县，盛产黑皮冬瓜、灰皮冬瓜。台山冬瓜质优色润，外表均匀，肉厚皮薄，甘甜爽口，耐于储存运输。

民间有这样一个传说：海宴镇一位老人用冬瓜煲糖水，只顾跟邻居聊天，忘了锅里沸腾的糖水，待老人回过神来时，水已煮干，只剩下冬瓜渣了。这些冬瓜渣甜而不腻，非常美味。这意外发现，竟然成了台山冬蓉的起源。

台山冬蓉采用传统方法手工制作，成品如青绿碧玉，呈一丝丝的透明状，入口如翅，甜而不腻，清甜软滑，有清热消暑、解渴利湿等功效。做法上，挑选自然生长约150天的灰皮冬瓜，经刨皮、去囊去子、刨丝、水煮、过冷河、压水和翻炒等步骤，翻炒时用黄铜锅、柴火，整个过程连续4小时。

2017年，台山海宴冬蓉制作技艺入选江门市第六批市级非物质文化遗产；2018年，海宴冬蓉制作技艺入选广东省第七批省级非物质文化遗产；2020年，海宴冬蓉制作人谭正俊入选广东省第六批省级非物质文化遗产代表性传承人。

那金卤味

在台山小吃卤味品种中，有两个地方出品较为突出，南边有海宴牛杂，北边有那金猪杂。那金圩位于台海路中段，是三合镇其中一个圩，那金卤味（猪杂）广受欢迎，成为"网红"已有20多年历史。那金卤味以甘香鲜甜、美味适口的特点而获顾客青睐。

卤是将原材料，放在特制的卤汁中，经过长时间的小火焖煮，直至食材熟透入味。卤水浓郁的味道来源于各种香料的中和，有的既能作为调味品，但同时也是中药材，所以卤味不仅有开胃的作用，还能健胃、顺气，促进血液循环。

夹起一片那金卤味猪杂，咀嚼感受那缓缓迸发的咸香滋味。那金卤味，搭配白饭感觉也很棒，用卤汁淋在热腾腾的饭上，使平淡无奇的白饭也变得香气四溢，令人垂涎欲滴。

开平市

Flour

赤坎豆腐角

KAIPING GOURME

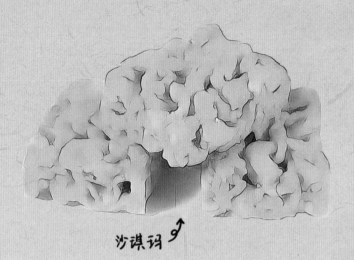

沙淇玛 🡥

Egg

马冈濑粉 🡣

月山沙琪玛

沙琪玛，也写作"萨其马""沙其马""沙其玛""萨齐马"等，是满语的音译。香港称之为"马仔"，是一种满族特色甜味糕点。其做法是将面条炸熟后，用糖拌匀，再分成小块食用。沙琪玛具有色泽米黄、口感酥松绵软、香甜可口、桂花蜂蜜香味浓郁的特色，在广东地区是人们喜爱的茶点之一。

开平市月山镇近年来因"下午茶三点三"而吸引了许多周边城市的游客前来"打卡"，其中人气最旺的店铺当数"三点三先生"，店里售卖的"马仔"更是当之无愧的明星产品。

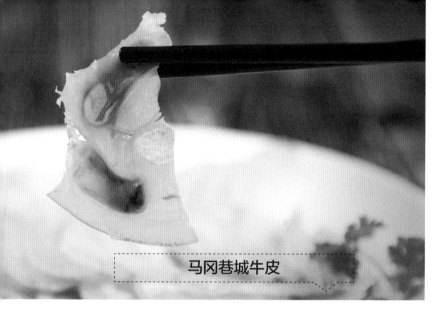

马冈巷城牛皮

相传，清朝光绪某年冬，马冈墟有一梁姓人家办婚宴。喜事前一天，梁家请来屠户，将自家饲养了多年的一头耕牛宰杀，准备用作招待宾客的主菜。傍晚，土匪头子带领数十名匪徒浩浩荡荡来到梁家抢劫。家中值钱的物什都被洗劫一空，连那头刚刚被宰杀的耕牛在内的所有牛肉都被抢走，只剩下一张牛皮。婚事日期已定，喜宴宾客已邀，没有了牛肉，第二天的喜宴如何成席呢？梁家人愁上眉头。本家的一位厨师突然心生一计，他安慰梁家人说："不是还有牛皮吗？我也能做成精美的菜肴。"说完，本家厨师迅速拿起那张毛茸茸的牛皮，连夜赶制，准备菜式。

第二天中午，喜宴开席。当一大盆牛皮端上酒席时，所有宾客都不认识这道菜。宾客们品尝之后，个个赞叹这道菜口感爽脆、口味香醇，实属上品。当宾客们纷纷询问这道菜的名字时，梁家本姓厨师答道："这是我秘制的'马冈牛皮'。"

制作好的牛皮色泽金黄，香气扑鼻。在马冈乡村旅游美食节和新闻媒体的推动下，马冈牛皮声名远扬，越来越多人知道这道特色小吃。除了开平本地人外，更多海内外人士，特别是珠三角的广州、佛山、中山等地的游客，都慕名而来品尝这道特色小吃。广东电视台生活频道、江门电视台还特意到马冈镇拍摄马冈牛皮，作为侨乡美食专题推广。

马冈濑粉

马冈濑粉是流传于开平市马冈镇一带的米粉制品小吃，经过多年的发展，逐渐成为开平的一种传统美食，被列入开平市非物质文化遗产代表性项目。

马冈濑粉呈洁白圆丝状，直径3~4毫米，口感韧滑、软爽。可加入各种汤水或酱油、花生油进食，风味独特。由于马冈濑粉的外形很长，被开平民间视为代表喜庆的食品，取其意为长长久久。

百合饺子

百合饺子其实是由广式水晶饺子改良而来，主要是在造型与口味上进行了调整。不同于我们平常所吃的饺子，百合饺子造型小巧，水晶薄皮在光线下显得剔透有光泽。小巧的造型更利于保留水晶饺子皮原有的韧劲。最早的饺子店只在日间营业，后来，附近常来光顾的村民向饺子店主提议——兼营夜市。每天夜里，村民结束一天的辛苦劳作后，都回到镇上，点上一份热气腾腾的饺子，与熟悉的街坊邻居把酒话桑麻。渐渐地，镇上经营夜市的饺子店多了起来，百合镇的"饺子街"也慢慢成形。

如今，随着开平旅游事业的迅速发展，百合饺子的名声也得到进一步传播，许多外地食客纷纷慕名而来。

赤坎豆腐角

　　开平的豆腐角，其实脱胎于客家的酿豆腐，是广府人和客家人和谐相处后，产生交流，在食物方面的交流产物。客家的酿豆腐，以豆腐和猪肉馅儿为主材料，烹调手法是煲、（煎后）焖，通常个头比较大。赤坎豆腐角则一般在切成薄片的豆腐上涂鱼蓉（鱼胶、鱼糜），油煎香，生抽胡椒粉伴食；把猪肉换成珠三角水乡更容易获得的鱼，形式更轻食化，是广府人结合实际进行的改良。食味发生变化，也更适合作为小吃售卖。从此豆腐角声名鹊起，成为开平市内一道活招牌。

咸鸡笼

咸鸡笼是一道非常传统和地道的开平小吃。为什么叫作咸鸡笼？因为这种小吃的形状像那种小半圆的鸡笼，因而得名。它也象征着丰足，满载着无数代开平人对生活的向往。

钵仔糕

《台山县志》载："钵仔糕，前明士大夫每不远百里，泊船就之。其实，当时驰名者只一家，在华丰迁桥旁，河底有石，沁出清泉，其家适设石上，取以洗糖，澄清去浊，以钵盛而蒸之，非他人所用。"钵仔糕这种小糕点流传到邻近的开平市，广受欢迎。经过后世手艺人的改造，现市面上除了老式钵仔糕，还有多款口味的水晶钵仔糕，任君选择。

开平咸汤丸

　　开平人正餐不喜食甜，便把汤圆加肉加菜，当正餐来吃。而这些咸汤圆有两大卖点：第一，汤甜料鲜，实心丸子有嚼头；第二，长幼同乐，阖家参与。随着当地人们生活水平的逐步提高，以及农贸市场各种食材供应不断充实，开平人可选择搭配的食材日趋丰富，再加上他们对当地食材的了解和对家人饮食习惯的掌握，催生了不同口味的开平咸汤圆。开平人多数会选择鸡、广式腊味（腊鸭、腊肠、腊肉）、鱼片、虾米、猪肝、瘦肉、冬菇、鱼饼等食材来搭配。

狗仔丸

　　狗仔丸，其实是一种用鸡屎藤叶捣碎，拌以米粉和糖制成的圆糍。圆糍的大小和龙眼差不多，每一笼圆糍的上面还会放几个用同样材料做的"小狗"，因为"小狗"的造型寓意着"护家宅，守平安"。在气候闷热潮湿的广东地区，人们通过利用鸡屎藤做成糕点使这种植物更加容易让人接受，同时让其更好地发挥药用功效。为此，本地人也将圆糍称呼为"狗仔丸"。

赤坎鸭粥

　　广东人喜好喝粥，因此粥的品种和制法也非常丰富。开平赤坎镇的鸭粥最有名，也最受人们欢迎。因为味道出众，常常吸引了很多开平城区的市民专程前往赤坎品尝。烹制鸭粥除要用上等精米外，在鸭的选用上也同样考究，鸭龄、肥瘦均应适中，以保证肉质鲜嫩，不肥腻。

牛栏糍

腊月廿三是开平人的小年夜，这一天家家户户都会祭灶。小年夜之后，开平人便开启了过年模式。牛栏糍是开平乡村年糕，对开平人而言，代表着传统的年味。牛栏糍，又称牛栏丸或牛卵糍，是开平人过年不可缺少的传统年糕。开平乡间传言，吃了牛栏糍，希望人和牛一样，在开春时节把田地耕犁得更透彻一些。

禾苔

　　禾苔是开平的一种特色小吃，它还叫银针粉禾苔糍。每年收割的第一批稻米，都要做成糍来供奉祈福，感谢上天风调雨顺带来的丰收。在农村，做好的禾苔在柴火灶台上隔水蒸大约10分钟即可出炉。刚蒸好的禾苔软糯，有淡淡的米甜味，可蘸蒜豉油，亦可油盐，简单朴实。禾苔最新鲜的吃法，就是用手拿着，蘸着花生油和酱油来吃。一碗好米蒸出来的米制品，用最原始的方法炊熟和进食，才能品尝出大自然的米香。

鹤山市

榕树头糯米鸡

Polished glutinous rice

Evaporate

古劳鱼皮角

古劳鱼皮角

　　鱼皮角是鹤山古劳的一道有名小吃，入选江门市级非遗项目。在古劳人的饮食世界中，鱼皮角占有举足轻重的地位，它象征着原始的水乡渔耕文化。甚至有些古劳人会说，如果早餐没有鱼皮角，就会感觉当天工作没有动力。

　　鱼肉选取当地产的鲜活鲩鱼，拌以肥瘦参半的猪肉，另加冬菇、马蹄、陈皮、胡椒、葱花等十多种配料捣制；外皮粉料用一级生粉与澄面，绝不含糊。片皮、捣馅、包馅，全用传统手工艺，角皮特别注重刀工，要薄而不破，滑而不烂。包好后，置蒸笼中，上锅用猛火蒸熟。

榕树头糯米鸡

　　炸糯米鸡是宅梧的一道特色地方风味小吃，主要是用糯米、猪肉、精选鸡肉、叉烧、香葱等原料，将各种材料细细切粒后，用上好花生油爆炒出香味，再用蒸好的糯米饭包裹定型后裹上面糊油炸后制成。新鲜炸好的糯米鸡色泽金黄、馅鲜味美、皮酥肉嫩，别有风味，获得不少本地人及周边游客的青睐。

鹤山白水角

　　白水角是鹤山最地道的乡村美食之一。在鹤山，逢年过节做白水角是一种传统风俗。白水角具有独特的家乡风味及制作特点，早已成为当地很多农村作为特定节日（社日）的主要食品。

　　江门鹤山的白水角颇具乡村风味，一顿好吃的白水角首先粉要搓得好，皮要撮得薄，猛火蒸后，透过表皮可以隐约看见馅料。每一个白水角形状相似，其馅料却各有不同，可以尽情发挥，不过比较传统的馅料应该包括萝卜、虾米、烧肉、沙葛等。

　　白水角的皮主要是黏米粉、生粉和澄面混合在一起，再用开水搅拌搓成面团，包好之后大火蒸30分钟左右便可食用，不需要蘸酱料。白水角蒸好后，一口咬下去，米香浓郁、外皮软滑，搭配鲜味十足的馅料，风味独特，齿颊留香下蕴藏着浓浓的乡情，足以让人回味悠长。

鸡屎藤糕

　　鸡屎藤糕，香糯可口，美味又健康，既能饱口福，又有祛湿、清热气、补中气之药效。

　　鸡屎藤又叫鸡矢藤，是一种粗养的植物，在南方尤其是五邑地区最多，常见于河边、路边、树林及灌木林中，攀缘于其他植物或岩石上。鸡屎藤叶被揉碎后会有股鸡屎的臭味，但久闻又有一股沁人心脾的清香。鸡屎藤糕是一项具有五邑地方特色的民间传统手工制作技艺的特色小吃，在清明期间吃鸡屎藤的风俗由来已久。在三月三日那天，家家户户将鸡屎藤条挂在门前，制作成糕点拜祭先人后再食用，祈求平安。

山顶沙河粉

　　在鹤山，"山顶沙河粉"是传统老字号美食，采用最古老的工艺制作，用纯米浆、泉水做原材料，用大竹筛放米浆蒸，最后手工切成扁条的粉状。据说是旧时水上人家自己研制出来的一道美食。

　　沙河粉的制作，并非易事，必须采用质量上乘的黏米和山泉水（石磨磨浆），经过传统上浆、精心摇浆、蒸粉、上花生油、起粉、纯手工切粉等8道工序。每一道工序，缺一不可，必须按部就班。烹饪15～30分钟后，米味香浓、口感嫩滑、爽软游刃筋道。山顶沙河粉含有蛋白质、碳水化合物、维生素B_1、铁、磷、钾等营养元素，易于消化和吸收，具有补中益气、健脾养胃的功效。

龙口牛杂

　　龙口有上千年的历史文化，保留的风俗传统极具古代遗风，而这些特色，很大部分体现在乡土气息浓厚的饮食上。

　　说起吃牛，鹤山人有着擅长对牛肉的每个部位进行细分的本领。时至今日，鹤山已是无人不知晓的吃牛大市。

　　牛腩、牛筋、牛肚、牛肠等牛内脏统称为牛杂。龙口的店家每天都选用最新鲜的牛杂供应给各位食客。还有雪花牛肉、牛白腩、牛排骨，各种特色牛杂更多不胜数。

恩平市

恩平烧饼

恩平牛脚皮

Baked sesame seed cake

恩平牛脚皮

　　牛脚皮是恩平市的一道特色小吃，主要是用牛脚上的肉茧制作的，需要经过反复洗刷，再清焖而成。看着有点像猪皮冻，吃着爽口弹牙，还带有淡淡的牛肉香味，吃后更是回味醇厚。

恩平烧饼

　　恩平烧饼有悠久的历史和浓郁的地方特色，也是恩平民俗文化中较有特色的组成部分。每逢清明前后，在恩平城乡繁华热闹的街头，便会见到很多用竹搭起的小棚，架起一口口烧着炭火的铁锅，随着锅盖的打开，一板又一板的恩平烧饼便会伴随着诱人的鲜香出炉。跟其他地方烧饼酥脆的口感不同，恩平的烧饼因为是糯米做的，入口软滑Q弹，再夹上一块烧猪肉，更有甘香滋润之味，令人百吃不厌。

　　经过不断传承与创新，恩平烧饼的款式也越来越多，如今市面出售的烧饼有着不同的口味，如叉烧烧饼、芝麻烧饼、冰肉烧饼、肉松烧饼、陈皮烧饼、箣菜烧饼、嘉映烧饼、紫薯烧饼、五香烧饼、豆沙烧饼等。

恩平布拉石磨肠粉

在恩平的美食餐桌上，必然有一席之地是留给肠粉的。如今，石磨肠粉、布拉肠等特色地道的恩平美食，已冲出本地，扬名世界。

一般的肠粉是用铁炊具通过蒸汽直接蒸成的，而恩平特有的一种肠粉却是用布拉出来的，恩平人称为布拉肠。为什么要用布拉肠粉呢？原来是由于纱布具有出色的透气性，能使蒸肠粉时产生的水蒸气挥发掉，拉出来的肠粉会更薄，而布特有的质感则令肠粉更加嫩滑，肠粉口感爽滑微韧，别具风味。

其工序并不简单：第一，要将优质大米用水浸泡一段时间；第二，将大米倒进石磨，将大米磨成米浆；第三，将适量的米浆淋到布上，然后放配料，再送入炉蒸煮片刻；第四，用刮刀把蒸成半透明状的米皮从白布脱离，肠粉上碟后浇上花生油与酱油。这样一份香滑无比的布拉肠就完成了。

恩平猪杂酒

　　恩平的猪杂酒味道醇厚、香浓、鲜美，用猪杂、姜丝再加入适量米酒制作而成，口感极佳且独具风味。

　　猪杂酒是广东人在很久以前发明的一种酒汤，在恩平比较盛行，是人们劳累一天、腰酸背痛之后的一道缓解疲惫的汤酒，味道有淡淡的米酒清香。

豆角糍

豆角糍，相传在清朝晚期已经流传于恩平。有人说是以前为了行军打仗而制作成便于携带的军粮；有人说是客家人来到恩平扎根居住以后，根据当地人饮食习惯而制作出来的家常粗粮；又有人说是恩平有一年大豆大丰收，由于不便储存，而衍生出来的附属品。到底哪一个版本是真实的，我们也无从考究。但经过长时间的洗礼，豆角糍还能出现在人们眼前，证明了这款食物多么深受喜欢。

豆角糍并不是用豆角做的小吃，而是以豆腐作为原材料制作而成的。将豆腐对角切开，挖出里面的豆腐渣，把豆腐渣炒熟，同时加入五香粉、香葱等材料一起炒，用油炸成金黄色。至此馅料做好。再在馅料外面包一层粉皮，在粉皮上刷油，撒盐和芝麻，这样吃起来口感十分美妙。

恩平濑粉

濑粉是恩平的一种地标美食，以黏米为原料，选料及制作工序复杂，须合数人之力始能制作。先是选用质量较好的十月米，舂粉晒干备用，制作时，将水煮沸，放进米粉煮熟，拌以生粉，用力搓匀，呈柱状的粉团。搓好的粉团，以手指按之，按处下陷而四周不现裂痕，放手后随即弹起恢复原状的为合格。待水煮沸后，将粉槽架于锅上，两头垫以长凳，把搓好的粉团置于槽孔，塞上木塞，然后将木杠一端穿入粉槽和榨孔中，另一端数人用力往下挤逼。这样，木孔中就"濑出"（恩平话音"濑出"就是"拉出"的意思）又长、又韧、又爽、又滑的粉条，故名为"濑粉"。

吃时用开水烫过，其口感米香味浓郁，软韧度适中，并且一定要有好汤搭配。恩平濑粉的上汤中，以驰名的莲藕大骨为最佳，又有老鸭䲈莲藕濑粉、猪手老火汤濑粉、叉烧濑粉、狗仔鸭老火汤濑粉等。

鱼仔白粥

　　恩平山坑鱼仔配白粥。这种鱼仔长在恩平深山的山涧小溪，生长到约一食指的长度便不会生长。山溪水里长大的鱼仔十分鲜甜，油炸后配以白粥，鲜香可口。

裹蒸粽

恩平粽，恩平人俗称裹粽，一般又分为咸肉粽和碱水粽。恩平人包粽子的粽叶是从山里采摘的，名叫"箬叶"；裹粽的带子是带刺的野生植物叶片，名叫"簕古叶"。簕古叶两边带刺，恩平人将其割回来后用工具把刺去掉，削成细条。用这种簕古叶带包扎的粽子特别结实，既能使粽子里面的米受热均匀，又能使粽子散发出独特的香味。

在恩平粽里有一个品种叫裹蒸，裹蒸比普通的恩平裹粽要大，体积和用料大约为普通裹粽的5倍。裹蒸呈长方形，而且包扎的方式更为讲究，考验包粽子人的匠心。先将用粽叶包好的裹蒸用簕古叶带横着包扎，然后再竖着穿插包紧，花费的工夫完全不亚于编织一个篮子，这样包出来的裹蒸才不会松散。

恩平除了有呈四角形的咸肉粽，呈长方形的碱水粽、裹蒸，还有龙角粽。

82

特色狗尾仔

恩平狗尾仔，外形和广东常见的银针粉相似。据当地老一辈介绍，因为以前经济条件跟不上，很多穷人家都吃不上米饭，所以就想到用黏米粉制作这款恩平人家喻户晓的"狗尾仔"。

做这种粉最费功夫。把木薯粉与面粉、糯米粉按比例混合搓成粉团后，以人手把它逐条搓成两头尖中间粗、形似狗尾巴的粉条。与萝卜丝和猪红一同煮开后，粉条变得晶莹透亮。虽然貌似广州常见的银针粉，但恩平狗尾仔粉质更绵滑一些。

恩平人对于狗尾仔的烹调是十分讲究的，无论是煮汤，还是清炒，都能将狗尾仔的晶莹透亮、爽口Q弹完美呈现。

特色艾糍

农历二月初二"龙抬头"，恩平有一个传统习俗，就是吃艾糍。常吃艾糍有祛湿解毒、健胃强身之功效。艾糍用晒干的艾叶捣碎成艾绒，和进糯米粉里，再包上花生碎、白砂糖，用猛火蒸熟。

恩平人二月二制作艾糍所用的艾，也叫田艾、清明草。有祛湿益气、止泄除痰、止咳平喘、降低血压的功效，还具有抗菌消炎、降压止痛、扩张毛细血管的作用。

一口咬下，花生碎和糖瞬间融在嘴里，花生的馥郁和艾草的醇香萦绕于唇齿间，色香味俱全。

后记

　　江门市地处广东省中南部、珠江三角洲西部，南濒南海，陆地面积9535平方公里，海域面积4880.47平方公里，2023年末全市常住人口482.24万人。气候温暖多雨，土地肥沃，河涌纵横交错，有山有水，文化底蕴深厚。经济的发达，物产的丰富，华侨历史的深远，使江门市成为广东著名的美食侨乡、粤菜的发源地之一。

　　长期以来，江门人精心烹饪，互相品评，形成了"食不厌精、脍不厌细"的传统。五邑菜式及五邑小吃以丰富多样的物料及调料著称，以博采众长的烹饪技术见长，以清、鲜、嫩、滑、爽为特色。首先，用料不拘一格，鸟兽虫鱼均可入馔，且即采即宰即烹，务求新鲜。其次，菜式、小吃讲究合时当令。夏秋菜式、小吃以清淡、鲜爽、嫩滑、能消暑清热为主；冬春菜式、小吃则以味道香浓、营养滋补为主。在制作上，以蒸、炒、烩、炸、烤、煎、焖、焗、炖、焯、浸为主，火候恰到好处，口味以嫩、脆、鲜、淡为主，清而不淡，鲜而不浊，嫩而不生，油而不腻，可谓五滋（香、松、脆、肥、浓）、六味（酸、甜、苦、咸、辣、鲜）俱佳。

　　为了满足广大食客和烹饪工作者对五邑菜肴和小吃的要求，《五邑名小吃》主创团队从五邑民间和城乡食肆中搜集、挑选、整理出60款特色小吃，编成本书，同时为众多食家指引寻味好去处。

　　由于我们视野不广，推荐给大家的五邑特色小吃品种有限，而且不可能尽显其神韵和妙谛，唯望高手巧匠多多雅正，有待日后补充修编。在编写此书的过程中，我们得到各级领导、五邑各地老行尊和相关客商的关心和支持，在此深表谢忱。

《五邑名小吃》主创团队